# 非常好喝

奶茶、雪泡、多多……轻松做

捧一杯芬芳四溢的香饮

# Tasteful Drink

可可 编著

成都时代出版社

# PROLOGUE 序

## 甜·美·物·语…

慢慢品尝流过心田的丝丝柔滑，用心捕捉杯中升起的缕缕芳香，这一刻你似乎忘记了所有的烦恼和忧愁，拥有的是心灵的清爽。

奶茶，既沿袭了洁白牛奶的高纯营养价值，又保留了传统茶饮料的淡淡清香；冰沙，是夏季的降暑佳品，清凉饮品；烧仙草，是炎热夏季的消暑上品，是冬天窝心的温暖甜点；奶昔、雪泡、多多……诱人的“妙香国”，芳馨的“百果园”……

往日，这些仿佛只有在奶茶店，抑或是饮品屋，才能品尝到的香甜饮品，其实她离我们很近，就在你我的身边，只要稍稍花上一点时间，你自己也能调制出这些浓香甜美的美味饮料。当我们感觉生活中的种种乐趣悄悄地从身边溜走时，工作之余，闲暇时分，或是短暂的假日，放下手中忙碌的工作，离开整日面对着的电脑，走进厨房，用心调制一杯奶茶，抑或是奶昔……细细品尝，挑逗味蕾，醇香，久远，怡然之情弥漫缠绵，那时你会发现生活中的乐趣很多，只是我们的匆忙将其淡忘。

本书以图文并茂的方式，收集了奶茶、冰沙、烧仙

草、奶昔、雪泡、多多等时尚饮品的DIY制作方法，种类齐全，制作方便，简约实用。全书共分三部分：第一部分主要让大家初步了解奶茶的制作工具、必备食材，以及令奶茶口味倍增的常用半成品和制作芳香饮品的秘诀；第二部分是本书的重点及精华之所在，该部分以“材料+做法+奶茶物语”的结构向大家简洁明了地介绍了苏格兰奶茶、英式奶茶、欧式冰奶茶等十余款香甜奶茶，以及多种特色双皮奶、夏日冰沙、健康烧仙草、甜蜜奶昔、果香雪泡、冰爽汽水和鲜果多多等各种饮品的DIY制作方法，带给饮用者不同的感觉；附录部分则以时尚的笔触展示了不同星座的奶茶文化，以及不同的奶茶所蕴含的各自气质和所代表的爱情观，让你在迷人芬芳中体验时尚潮流。

每天喝一杯自己亲手调制的芬芳饮品，丝丝清甜，温暖心田；给朋友亲人奉上一杯，浓浓奶香，温情无限。不要再看着饮品店里那颜色艳丽、味道甜美的奶茶饮品垂涎三尺了，让心灵手巧的我们开始DIY吧，给心灵放个假，与浪漫为伍，与时尚相约，享受唇齿间的爽口芳香，相信本书是你香甜之旅的开始。

# Contents 目录

## Part1 清凉夏日，爱上浪漫饮品



## Part2 美味时尚饮品，轻松DIY

## 附录 奶茶物语，浪漫香郁

# PART ONE 第一章

# Cool Summer, Fall in Love with Romantic Drink

# 清凉夏日，爱上浪漫饮品

在炎炎夏日，一个爱上浪漫的人是无法拒绝香甜茶饮的美味诱惑的。各种材料融合幻化，顷刻间变作一杯杯醇香饮品，流入口中，滑向心田，如舞动的精灵，伴你徜徉幸福的伊甸园。闲暇时刻，捧一杯芬芳四溢的饮品，享受着唇齿之间的丝丝清甜，让惬意带着心灵飞扬，清凉一“夏”吧！

## 一、浓浓奶香味，悠悠浪漫情

Romantic Love in Palatable Aroma

茶与牛奶、牛奶与牛奶、冰块与牛奶、果汁与牛奶……不同的组合成就了芳香浓郁、甜蜜浪漫的时尚饮品。当我们与它们邂逅，又将是怎样一种心境呢?

### 1. 奶茶

奶茶是当今风靡整个世界的都市饮品，在中国内地、印度、英国、新加坡、马来西亚以及中国的台湾、香港、澳门等地都有奶茶的芳香。如印度奶茶以加入玛萨拉的特殊香料闻名，香港奶茶则以丝袜奶茶著称，台湾的珍珠奶茶也堪称经典。

一杯好的奶茶要求茶味、奶味均衡，茶中有奶，奶中有茶，茶味不压过奶味，奶味也不压过茶味，这种分寸的拿捏，展现的是调制者的匠心独运和娴熟技巧。

现代的奶茶加入了很多时尚文化，融入了浪漫元素。它已经不仅仅是一杯茶的概念，更是一种心情、一种气氛、一种情调，是一种对浪漫的独特理解。

### 2. 双皮奶

双皮奶，顾名思义，是含双皮的奶。要吃双皮奶，最主要的就是品尝牛奶的香甜之外的另一层滑爽感受。双皮奶入口香滑，口感细腻，深受人们喜爱。

### 3. 冰沙

冰沙也是夏季的一种降暑佳品，一般作为餐后的甜品。它是用碎冰粒加上其他作料制成的，润滑细腻的冰沙伴着丝丝清甜，可口又养眼。

### 4. 烧仙草

烧仙草是台湾著名的小吃之一，也流行于中国的粤港澳地区。烧仙草具有去干降火、美容养颜的功效，有热饮和冷饮两种，以冷饮为妙。夏天，一碗冰凉的仙草冻是消暑圣品，淡淡清凉令人心境平和，可以将五脏六腑的暑气都清除得一干二净；冬天，热腾腾的烧仙草是令人感到窝心的甜点，食用时再加入已预先炒熟或煮熟的去皮花生、细珍珠粉圆、花豆、绿豆、红豆等材料，美味非常。不过，这款食品不适合孕妇食用。

### 5. 奶昔

奶昔英文为Milk Shake，出身于欧洲。它是牛奶、冰与少量水的混合物体。简单地说，就是将蛋白混合饮料与脱脂奶混合调制而成。用冰淇淋和鲜奶搅拌而成的奶昔，主要用不同口味的冰淇淋来调节奶昔味道，也可用新鲜水果和奶浆来搅拌制作。制作奶昔也可以使用酸奶，酸奶的营养价值更高，而做好的奶昔也别具风味。

另外，雪泡、汽水、多多等，也是时尚饮品大家族中不可缺少的成员。

## 二 从制作工具开始，与甜蜜和香浓邂逅

DIY Tasteful and Fashionable Drink

得心应手的器具和原料是调制一杯好饮品的基础。下面就让我们一起来认识这些最为常用的工具吧。了解和掌握它们的使用方法，准备与甜蜜和香浓开始一场美丽的邂逅。

### 1. 雪平锅

一种单柄、导热很快的平底锅，它是煮熟茶不可缺少的工具。制作奶茶选用的雪平锅一般以不锈钢材质为佳，也可以用其他深口小锅代替，但要注意锅中不要有其他食物的余味或油腻。

## 2. 壶

超市出售的沏茶花壶即可，使用橘茶壶及可爱壶更为方便。

## 3. 磅秤

一般来说，家庭使用时选择1千克台秤就可以了。

## 4. 温度计

调制奶茶时，温度过高或不够，都会影响茶水的口感，这时我们就需要用温度计，它可以有效控制茶水温度，提高茶水质量。

## 5. 雪克壶

不锈钢制品，也称摇酒壶、雪克杯，是一种用来摇晃、利用冰块撞击混合并冷却不易溶解的材料（如蛋、糖水、奶油等）的器具。它是调制冰奶茶的专业工具，有两种款式。一种为波士顿雪克壶，为两件式，下方为玻璃摇酒杯，上方为不锈钢上座，使用时两座一合即可；另一种是标准型雪克壶，则为三件式，包括下座、隔冰器、上盖，用时一定要先盖隔冰器，再加上盖，以免液体外溢。

雪克壶使用原则：首先放冰块，然后再放入其他材料，摇晃时间以不超过20秒为宜，否则冰块开始融化，会稀释奶茶而影响风味，用后立即清洗。家中若没有雪克壶，也可用带盖子的水杯代替，但要注意拧紧盖子，防止原料洒漏。

## 6. 盎司杯

也叫量酒器，是量取原材料的专业用具，有

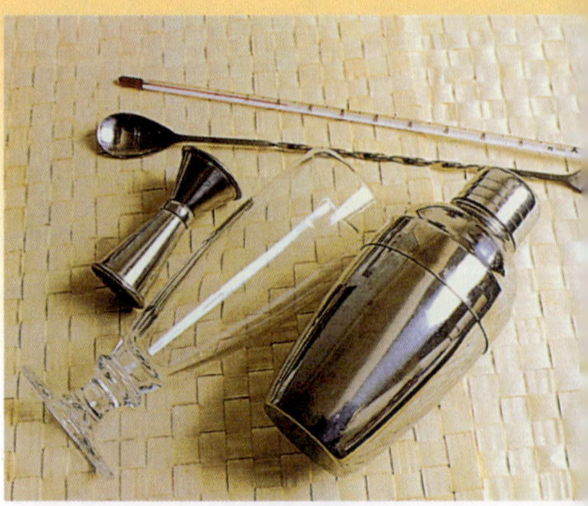

大小号之分。一般大盎司杯两端约为30毫升、45毫升；小盎司杯两端约为15毫升、30毫升。

### 7. 冰桶

用来盛放冰块的工具，由不锈钢或玻璃制成，可减缓冰块融化的速度。

### 8. 冰夹

用来夹取冰块的工具。有不锈钢、塑料两种类型。

### 9. 榨汁器

不锈钢制品，可将鲜橙、柠檬等水果以及牛奶、糖浆、碎冰等材料，搅拌均匀成为果汁或果泥状饮料。如果用量大时，可预先榨好汁备用，但原则上果汁不宜搁置太久，以保持新鲜度。

### 10. 冰铲

用来盛碎冰或裂冰的工具，不锈钢制品。

### 11. 刀具

家庭一般用的水果刀具即可，但制作饮品过程中往往要制作装饰物，以提高饮品的观赏性，因此建议最好选用刀刃是锯齿状，且有两个刀尖的刀具。

### 12. 量杯

用来测量液体、食物量的工具，是一种较厚的玻璃器皿，通常标有刻度线，以刻度清晰、透明度高、容易辨识清楚为佳。

### 13. 量匙

用来量取奶粉或奶精等粉末状物体的用具，每一组包括4把大小不同的量匙，每一大匙约15毫升，每一小匙约5毫升。

# 三 必备食材，成就奶茶魔法师

Essential Food Materials for a Milk Magician

## 1. 茶叶包

市面上有很多品牌的红茶包、绿茶包，可依个人喜好选购。冲泡茶包的水温不可过高（约90℃），否则茶会变涩；家中的红茶叶也可以拿来冲泡红茶，但记得过滤茶渣。开店者若需要冲泡大量的红茶，可到材料行购买大的红茶包，会节省许多成本。

## 2. 花草茶

购买干燥花草花叶（如玫瑰花、茉莉花、紫罗兰、迷迭香、薰衣草、薄荷等）时需注意花瓣及叶子的颜色是否变色或枯萎。选择密封罐装盛，放冰箱冷藏可保存半年至一年。

## 3. 中药材料

即中医用药材料。此类药材经由翻炒、焙干、蒸煮、水飞、浸泡等过程，才具有治病养生的功效，如桂圆补心补血、红枣补血补脾胃、乌梅止渴消暑、陈皮开胃等。

## 4. 牛奶、奶精

牛奶用于调和口味或作为花式奶茶的变化，奶精则方便使用且容易保存。

## 5. 粉类

口味很多种，如芋头粉、绿豆粉、椰浆粉、杏仁粉等。可至材料行购买，也可以用新鲜的绿豆、芋头代替，味道更香。

### 6. 水果

最好是选择当季产出的新鲜水果，洗净去皮，以免残留农药；苹果、梨等果肉容易变色的水果，可先用淡盐水浸泡。

### 7. 果汁

常用的口味有柳橙、凤梨、百香果、柠檬等，也可用浓缩果汁代替水果，使用前用浓缩果汁、冷开水以1：5的比例稀释成水果汁（如柳橙浓缩汁30毫升、水150毫升搅匀成柳橙汁）；也可以使用市售100%的原汁，加入1倍的冷开水稀释即可（如凤梨原汁30毫升、水30毫升搅匀）。浓缩果汁未用完请冷藏保鲜。

## 四 常用半成品，让美感与口感升级

Semifinished Product, Make it more Tasteful

常用半成品虽然不是制作饮品的主体，但却是让饮品更具美味、更加香甜的关键所在。有了这些半成品，你手中的奶茶才能散发出动人心魄的魅力。

### 1. 鲜奶油

将约200毫升液态鲜奶油倒入不锈钢盆中，用打蛋器低速搅打至起泡，加入8克白砂糖，调中速搅打，待糖快融尽时，加入香草粉1克继续搅打。当举起打蛋器鲜奶油可立起，尖端不会下垂，外观看起来呈霜状时，用橡皮刮刀刮入挤花袋中即可。

注意事项

①所有器皿均不可有水。

②要按同一方向打，顺时针或逆时针皆可。

## 2. 奶泡

将约200毫升的全脂鲜奶倒进专用打奶泡的壶中，加热至50℃。再把奶鲜壶盖子盖上，抽打约30下，当奶泡泡沫细致均匀时即成。

**注意事项**

①要用全脂牛奶才容易打出泡沫。

②冰奶泡则直接抽打70～80下即可。

③奶泡壶要擦干，不可有水分，否则奶泡不够浓。

## 3. 糖水

用650克细砂糖加上600毫升水煮溶成糖水，可依比例多煮一些放入冰箱冷藏备用。或去超市购买浓度是55%或65%的整桶果糖，如果浓度是90%则需稀释后再使用，稀释时以果糖与冷开水的比例2：1为佳。如果直接使用高浓度的果糖，会使饮料的香味变淡。

**注意事项**

煮好的糖水可以长期保存，但切忌不要沾到水，尤其在取用的时候，最好先用小瓶分装。

## 4. 珍珠粉圆

250克珍珠粉圆放入1750毫升水中，大火边煮边搅拌防止煳底，煮至粉圆浮起则改中小火继续煮50分钟（此时每颗粉圆外圈约有一半呈透明状），并搅拌3～4次避免粘锅，捞出粉圆泡入加冰块的冰水中快速冷却，再捞出沥干水分，加入4克红糖及15毫升蜂蜜拌匀即成。

**注意事项**

①珍珠粉圆要好吃一定要当天煮，煮的时候应先预估一天的用量，可以依照上面的比例增加或减少分量。

②选择形状圆实饱满、颗粒适中，成分中不要含有太多的地瓜粉的口感较好。

## 五 芳香饮品制作小秘诀

Making Secrets for Drinks

饮品的制作，也有很多小窍门。来看制作的小秘诀，让你的饮品成为你唇舌眷恋的上品吧！

①选择不锈钢材质或铝制的锅，也可以用玻璃壶或橘壶代替，以有上盖可供焖泡者最为理想。

②茶壶、茶杯先以温水冲泡，更易释放出茶香味。

③选择陶瓷、玻璃、不锈钢等材质的茶壶。茶壶不宜过大，视冲泡分量而定。

④泡茶的水温以90℃较适宜，温度太低或过高，或冲泡时间过久，都不能冲泡出最佳味道。

⑤泡茶不可盖上壶盖，否则茶叶容易因闷泡过久而变涩。

⑥过滤茶渣使茶水清澈；茶包不可拧干，以免将茶渣拧出，影响茶的品质。

⑦煮水果茶的红茶包（或红茶叶）不宜浸泡过久，否则会盖过水果味道。

⑧泡热茶时，蜂蜜和糖水要最后加入，不可与茶叶或茶包一起冲泡。

⑨加入加味茶叶可增添茶的水果香味，如柠檬、凤梨、苹果、草莓等。

⑩奶茶放凉后，可放在卧式冷柜里保存，保存温度是3℃～5℃，时间不宜过长，最好一次饮用完。

# PART TWO 第二章

## DIY Tasteful and Fashionable Drink

# 美味时尚饮品，轻松DIY

当经典的芬芳弥漫，当诱惑的美味挥发，那一刻，捧在手心的将不只是一杯普通的奶茶，而是一份温暖和浪漫。喝奶茶的人是温柔的，不急不躁，在茶香、奶香的缠绵里，悄悄地捕捉他的灵魂，像展着雪白翅膀的天使，永远给人甜美的感觉。炎炎夏日，走进浪漫甜美的奶茶世界，总有一款能触动你躁动的心灵，挑逗你的味蕾，让你在花香里徜徉，在果味中畅想……

# 苏·格·兰·奶·茶

Scottish Milk Tea

**材料**

奶精粉…………16克

蜂蜜…………30毫升

芝华士酒……30毫升

热开水…… 400毫升

红茶包………… 2个

**做法**

1.将奶精粉、蜂蜜倒入锅中，加热开水煮至溶解。

2.加入红茶包，以小火煮1～2分钟后熄火，取出茶包，加入芝华士酒。

3.倒入壶中，出品搭配杯、碟。

## 奶茶物语

风靡全世界的芝华士酒，一直是男人心中的经典、女人心中的梦幻。此款奶茶将酒香和奶香绝妙配合，相信一定能诱惑你的味蕾。

# 英·式·奶·茶

British Milk Tea

**材料**

奶精…………16克

金酒………15毫升

巧克力膏…20毫升

热开水… 400毫升

红茶包……… 2个

**做法**

1.将热开水倒入锅中，加入奶精、金酒、巧克力膏，以大火煮至溶解。

2.放入红茶包，小火煮1～2分钟，熄火后取出茶包。

3.倒入壶中，出品搭配杯、碟。

## 奶茶物语

巧克力的香浓，没有谁可以拒绝；金酒的甘香，让人回味无穷。英伦风格，午后慢品一杯，犹如漫步在伦敦的林荫小道上，自然、优美，没有人不为之动容。想要体味英国绅士的优雅，就来一杯吧。

# 欧·式·冰·奶·茶

## European Iced Milk Tea

**材料**

巧克力膏………30毫升
蜂蜜……………30毫升
玉桂粉…………… 4克
奶精粉……………10克
红茶水……… 200毫升
冰块………………适量

**做法**

1. 将冰块倒入雪克杯，八分满。
2. 将巧克力膏、蜂蜜、玉桂粉、奶精粉、红茶水加入雪克壶。
3. 大力摇晃均匀，最后倒入杯中。

## 奶茶物语

在晴朗的午后，捧一大杯欧式奶茶，慢慢品尝，细细回味，绝对是浪漫的不二选择。来自欧洲的罗曼蒂克，品味扑面而来的优雅气息。

## 奶茶物语

美丽的名字，美丽的茶，美妙的滋味就从唇齿与之相触碰的一刹那开启。

# 爱·丽·丝·奶·茶

Milk Tea Of Alice

**材料**

威士忌……… 10毫升
百利甜……… 30毫升
奶精粉………… 16克
蜂蜜………… 30毫升
红茶包……………2个
热开水………400毫升

**做法**

1. 将蜂蜜、威士忌、百利甜、奶精粉倒入锅中，加热开水以大火煮至溶解。
2. 加入红茶包，以小火煮1～2分钟后熄火，取出茶包。
3. 倒入壶中，出品搭配杯、碟。

**材料**

奶精粉…………16克
伯爵茶叶……… 8克
蜂蜜…………30毫升
热开水…… 400毫升

**做法**

1. 将蜂蜜、奶精粉倒入锅中，加热开水以大火煮至溶解。
2. 放入伯爵茶叶，浸泡1~2分钟。
3. 倒入壶中，过滤掉茶叶，出品搭配杯、碟。

# 伯·爵·奶·茶

Earl Milk Tea

## 奶茶物语

这是一款属于男士的茶。伯爵茶带有橘子的清香，味道香甜芬芳，调成奶茶后，口感浓郁，口味独特。

# 福·尔·摩·斯·奶·茶

Sherlock Holmes Milk Tea

**奶茶物语**

独具创意的灵感，口味与众不同的一款经典奶茶。来一杯试试，说不定会突发与大神探福尔摩斯一样的智慧灵感呢。

**材料**

巧克力膏…30毫升　热开水…400毫升
奶精粉………16克　蜂蜜……30毫升
玉桂粉………3克　红茶包………2个

**做法**

1. 巧克力膏、奶精粉、玉桂粉、蜂蜜倒入锅中，加热开水以大火煮至溶解。
2. 放入红茶包，以小火煮1～2分钟，熄火后取出茶包。
3. 倒入壶中，出品搭配杯、碟。

# 威·尼·斯·海·岸·奶·茶

Venice Coast Milk Tea

**材料**

蓝橙汁……………30毫升

柳橙汁……………30毫升

黄苹果汁…………15毫升

绿茶水………… 150毫升

奶精粉………………16克

冰块…………………适量

**做法**

1.将冰块倒入雪克壶，八分满。

2.把黄苹果汁、蓝橙汁、柳橙汁、奶精粉、绿茶水一同加入雪克壶。

3.大力摇晃均匀，倒入杯中即可。

**奶茶物语**

纯正的意大利风格，独有的浪漫气息，手执一杯，仿佛漫步在威尼斯海岸金黄的沙滩上，迎面吹来习习海风……

# 薰·衣·草·奶·茶

Lavender Milk Tea

**奶茶物语**

闻闻薰衣草的香味，就知道上帝有多爱你。传说天使恋上薰衣草的味道，所以到尘世找寻。不必去遥远的普罗旺斯，这一杯足够让你浪漫无止境，赶紧来一杯吧！

**材料**

奶精粉………… 16克

薰衣草………… 8克

蜂蜜………… 30毫升

热开水…… 200毫升

**做法**

1. 将蜂蜜、奶精粉倒入锅中，加热开水以大火煮至溶解。
2. 放入薰衣草，以小火煮1～2分钟。
3. 倒入壶中，出品搭配杯、碟。

# 罗·密·欧·奶·茶

Romeo Milk Tea

**材料**

哈蜜瓜汁………… 30毫升

哈蜜瓜利口酒…… 20毫升

奶精粉……………… 16克

绿茶包…………………2个

热开水……………400毫升

**做法**

1.将哈蜜瓜汁、哈蜜瓜利口酒、奶精粉倒入锅中，加热开水以大火煮至溶解。
2.放入绿茶包，以小火煮1～2分钟，熄火后取出茶包。
3.倒入壶中，出品搭配杯、碟。

## 奶茶物语

这是一款属于情侣的奶茶。纯白的颜色，清爽的口味，仿佛置身于夏日荷塘岸边。

# 朱·丽·叶·奶·茶

Juliet Milk Tea

**材料**

红石榴…… 30毫升

奶精粉……… 16克

热开水……400毫升

红茶包…………2个

**做法**

1.将红石榴、奶精粉倒入锅中，加热开水以大火煮至溶解。

2.放入红茶包，以小火煮1～2分钟，熄火后取出茶包。

3.最后倒入壶中，出品搭配杯、碟。

## 奶茶物语

这也是一款专为情侣量身定做的奶茶，淡淡的粉红色正如朱丽叶的惊世容颜，让人为之心动。色、香、味俱佳，浪漫而迷情！

# 咖·啡·奶·茶

Coffee Milk Tea

**材料**

热咖啡……400毫升

蜂蜜……… 30毫升

奶精粉……… 16克

红茶包…………2个

**做法**

1.将热咖啡、奶精粉、蜂蜜倒入锅中，以大火煮至溶解。

2.放入红茶包，以小火煮1～2分钟，熄火后取出茶包。

3.倒入壶中，出品搭配杯、碟。

## 奶茶物语

咖啡的浓香和茶的清韵犹如天作之合，迸发无限激情。用世界三大饮料之中的咖啡和茶精制而成的奶茶，还有什么理由不来一杯？

# 摩·卡·奶·茶

Mocha Milk Tea

**材料**

蜂蜜…………… 30毫升

浓缩冰咖啡…… 30毫升

奶精粉……………8克

可可粉……………8克

红茶水…………200毫升

冰块……………… 适量

**做法**

1.把蜂蜜、浓缩冰咖啡、可可粉、奶精粉、红茶水一起加入雪克壶中。

2.将冰块倒入雪克壶，八分满。

3.大力摇晃均匀，倒入杯中即可。

## 奶茶物语

奶茶的香馥混合咖啡的甘香，再加入可可粉，丰富、醇厚、独特的滋味，围绕着浓浓的甜蜜，美妙的味道在唇齿之间缠绵、流转！

# 珍·珠·奶·茶

Pearl Milk Tea

**材料**

红茶水………… 200毫升

奶精粉………………… 8克

水……………………适量

珍珠粉圆……………适量

**做法**

1.将奶精粉加入红茶水中混合搅拌至均匀。

2.再将制作好的大珍珠粉圆加入即可。

## 奶茶物语

经典中的经典，与其说那大大的珍珠粉圆是晶莹剔透的精灵，不如说那是记忆里的尤物。那淡淡的原味更是记忆里不可磨灭的纯美味道。

# 魔·力·水·晶·奶·茶

Magic Crystal Milk Tea

**材料**

开水……………40毫升

奶精………………20克

红糖……………… 2克

红茶水…………40毫升

果糖……………10毫升

蜂蜜…………… 8毫升

水晶椰果…………10克

冰块………………适量

**做法**

1.把奶精倒入雪克壶里，加入红糖，加开水搅拌均匀。

2.彻底搅均之后加入红茶水，再加入果糖和蜂蜜。

3.然后加入适量冰块，盖上雪克盖摇均匀，加入水晶椰果即成。

## 奶茶物语

炫彩夺目、变化无穷的魔力水晶，香甜可口、清爽怡人的滋滋美味，就在你慢慢的品尝中进入你的肺腑，触动你的心弦……

# 轻·松·奶·茶

Relaxing Milk Tea

**材料**

奶精……………………15克

红糖…………………… 2克

泡好的红茶水…20毫升

果糖………………15毫升

蜂蜜………………5毫升

开水………………30毫升

珍珠粉圆……………适量

**做法**

1.将奶精倒入雪克壶中，加入开水，用扒勺搅拌均匀，使奶精充分化开。

2.搅拌均匀以后，将红茶加入雪克壶中，然后加入红糖搅拌均匀，再放入果糖、蜂蜜搅拌均匀出杯。

3.饮用时加入珍珠粉圆即可。

## 奶茶物语

逃逸都市，享受慵懒，来一杯，做一次逍遥公子或公主，轻松、悠然自得。当香气飘起的那一刻，浪漫、快乐、温馨，一起收获。

# 巧·克·力·奶·茶

## Chocolate Milk Tea

**材料**

泡好的红茶水……150毫升

奶粉……………………10克

巧克力酱……………30克

冰块…………………… 适量

鲜奶油………………… 适量

食糖…………………… 少许

**做法**

1.全部材料统统倒入密闭的杯中，盖上杯盖摇匀。

2.倒入漂亮的杯中即可饮用。

### 奶茶物语

巧克力的甜蜜温馨就如同荡漾在恋人们心中的甜蜜感觉。这一杯奶茶，只要你尝过，那滋味就会长久萦绕在你心头。

# 子·姜·奶·茶

Ginger Milk Tea

**材料**

姜母粉…………8克

奶精粉…………8克

热开水…… 400毫升

蜂蜜……… 30毫升

红茶包…………2个

姜………………2片

**做法**

1.将蜂蜜、姜母粉、奶精粉、姜片倒入锅中，加入热开水，以大火煮至溶解。

2.锅中放入红茶包，以小火煮1～2分钟，熄火后取出茶包。

3.倒入壶中，出品搭配杯、碟。

## 奶茶物语

姜的香味配上红茶的浓郁，风味独特，那独具魅力的芳香，是一款夏日必备的健康奶茶，尤其深得男士青睐。

# 爱·尔·兰·冰·咖·啡

Iced Irish Coffee

## 奶茶物语

爱尔兰威士忌的霸气，让这款奶茶散发出与众不同的气息。想要体验王者的尊贵气息，品味君临天下的非凡气度，不妨举杯吧！

**材料**

冰咖啡…………120毫升

方糖…………………1块

爱尔兰威士忌… 10毫升

碎冰……………… 适量

**做法**

1.加入碎冰于杯中，七分满。

2.在杯中放入方糖及爱尔兰威士忌。然后将冰咖啡倒入杯中，八至九分满即可。

# 榛·果·鲜·奶·茶

Hazelnut Milk Tea

**材料**

水……………… 450毫升

红茶茶包…………… 2个

粉状奶精……………30克

榛果果露…………60毫升

珍珠粉圆……………适量

**做法**

1.将水倒入锅中大火煮至沸腾，然后将热水倒入杯中。

2.将红茶茶包缓缓从杯缘放入，盖上杯盖，焖约5分钟后取出茶包，加入粉状奶精调味。

3.将榛果果露倒入杯中，加入珍珠粉圆搅拌调匀即可。

## 奶茶物语

榛果与牛奶的相溶，将带给你难以忘怀的美味。当二者遇上茶，成就的更是一种不言而喻的浓香。闻一闻，香味飘溢；抿一口，甜美洋溢。它陪伴你的不止是一个芬芳的心境。

# 玫瑰鲜奶茶

Rose Milk Tea

**材料**

- 红茶茶包……………1包
- 玫瑰花………………5克
- 蜂蜜……………… 适量
- 牛奶……………… 适量
- 热开水…………200毫升
- 珍珠粉圆………… 适量

**做法**

1. 将红茶包与玫瑰花放入壶中，加热水冲开。
2. 当红茶和玫瑰花泡开后，加入适量蜂蜜、牛奶及珍珠粉圆调匀即可饮用。

## 奶茶物语

在沐浴爱河的恋人们心中，玫瑰花被誉为『情人节最珍贵的礼物』。玫瑰的香艳正如爱情的甜蜜一样，浪漫浓郁。相遇是一种宿命，玫瑰与茶的邂逅诉说无尽的浪漫情怀。

# 仙·草·冻·椰·香·奶·茶

Coconut Milk Tea

**奶茶物语**

浓厚的椰浆加重了椰香的味道，与仙草的搭配更是锦上添花，相得益彰。冰镇后的味道更持久、更爽口。

**材料**

椰浆…………60毫升
椰粉…………… 8克
牛奶…………… 1包
红茶包………… 2包
仙草……………适量
白糖……………适量

**做法**

1.在锅中放入适量水，煮开后放入红茶包，煮5分钟后，拿掉茶包；加入牛奶、椰浆、椰粉和适量白糖，煮开后关火纳凉。

2.趁奶茶纳凉的时间，将仙草用蔬菜刨子刨成一条一条。

3.奶茶凉却后加入条状仙草，放入冰箱冰镇即可。

# 仙·草·冰·芋·香·奶·茶

Taro Milk Tea

**材料**

绿茶水200毫升　奶精粉……8克

蜂蜜… 30毫升　仙草条… 适量

香芋粉……8克　冰块…… 适量

**做法**

1.把蜂蜜、香芋粉、奶精粉、绿茶水一并加入雪克壶中。

2.将冰块倒入雪克壶，八分满。

3.大力摇晃均匀，最后倒入杯中，加入仙草条，放入冰箱冰镇后即可饮用。

**奶茶物语**

香芋和仙草的结合，属于浪漫与时尚的结合，这一款奶茶你不应该错过。

# 蜂·蜜·芦·荟·奶·茶

Honey and Aloe Milk Tea

**材料**

新鲜芦荟肉汁100毫升　奶精粉…10克

蜂蜜…………100毫升　珍珠粉圆适量

柠檬果汁………3毫升

**做法**

1.将新鲜芦荟肉汁、蜂蜜、柠檬果汁倒在杯中融合，pH值调至3～4左右，在温度为60℃的锅中充分调匀，得到一种稍带绿色的蜂蜜。

2.将此蜂蜜用开水冲泡，加入奶精粉、珍珠粉圆调匀即成。

**奶茶物语**

芦荟加入蜂蜜，可以改善芦荟的适口度，蜂蜜加入芦荟，可使蜂蜜发生改变，成为一种新的天然保健食品。营养健康又美味芳香的奶茶，你也来尝一下吧！

# 椰·果·草·莓·奶·茶

Strawberry Milk Tea

**材料**

红茶水……… 200毫升
蜂蜜……………30毫升
草莓粉…………… 8克
奶精粉…………… 8克
椰肉………………适量
冰块………………适量

**做法**

1.将椰肉倒入雪克壶中。
2.在雪克壶中加入冰块、草莓粉、奶精粉、蜂蜜及红茶水。
3.大力摇晃均匀，倒入杯中。

## 奶茶物语

椰香味、草莓味的交汇，塑造出这一款奶茶的传奇。椰肉筋道的口感夹杂着淡淡的草莓香味，是你不能错过的经典茶饮。

# 茉·香·奶·茶
Jasmine Milk Tea

## 奶茶物语

淡淡的茉香在杯中沉淀、挥发，是休闲时刻的最佳伙伴。在品饮中，有一种心情叫闲适，有一种风尚叫优雅。

**材料**

开水……………… 40毫升
蜂蜜…………………5毫升
茉香绿茶…………100毫升
植物奶精粉………… 10克
果糖……………… 10毫升

**做法**

1. 把植物奶精粉倒入雪克壶，加入开水溶解奶精，并搅拌均匀。
2. 加入果糖、蜂蜜，加茉香绿茶，然后用大勺搅拌均匀。
3. 搅拌均匀后，出品搭配杯、碟。

# 芋·香·奶·茶

## Taro Iced Milk Tea

### 奶茶物语

芋香奶茶的香味可以说是弥漫全球，几乎任何地方都有这种口味，经典程度可见一斑。如果你不想丧失与经典芳香浓情相拥的机会，那就来一杯吧。

**材料**

香芋粉……………8克
奶精粉……………8克
红茶水………400毫升
蜂蜜………… 30毫升
冰块…………… 适量

**做法**

1.将冰块加入雪克壶，八分满。
2.将蜂蜜、香芋粉、奶精粉、红茶水一同倒入雪克壶。
3.大力摇匀，出品搭配杯、碟。

# 蜂·蜜·奶·茶

Honey Milk Tea

**材料**

浓茶……150毫升

牛奶…… 30毫升

蜂蜜…… 30毫升

**做法**

1.将牛奶倒入锅中，以大火煮沸。熄火倒入杯中。

2.将浓茶与牛奶镇凉，加蜂蜜调匀，即可饮用。

## 奶茶物语

这款奶茶也是夏日保健佳饮。蜂蜜与茶的结合，让你在炎炎夏日清热化湿、清心补脾。健康、营养、浪漫，一个都不能少。

# 香·草·奶·茶

Vanilla Milk Tea

**材料**

| | |
|---|---|
| 蜂蜜…30毫升 | 香草利口酒…20毫升 |
| 香草粉… 8克 | 绿茶包………… 2个 |
| 奶精粉… 8克 | 热开水…… 400毫升 |

**做法**

1.将蜂蜜、香草粉、奶精粉倒入锅中，加热开水以大火煮至溶解。

2.放入绿茶包，以小火煮1～2分钟，熄火后取出茶包。加入香草利口酒。

3.倒入壶中，出品搭配杯、碟。

## 奶茶物语

浓浓的奶香加上香草利口酒的风味，组合成这款令人爱不释手的奶茶。餐后，让浓香在口中慢慢挥发，疲惫、烦闷即刻走远，而幸福的感觉回味无穷，丝丝萦绕。

# 桂·花·奶·茶

## Sweet-scented Osmanthus Milk Tea

**材料**

蜂蜜…… 30毫升

奶精粉…… 16克

桂花干………4克

热开水…400毫升

**做法**

1. 将蜂蜜、奶精粉倒入锅中，加热开水以大火煮至溶解。
2. 放入桂花干，浸泡1～2分钟。
3. 倒入杯中即可。

## 奶茶物语

桂花不仅香气浓郁，而且具有很好的保健作用。桂花本身的芬芳甜味，与奶茶结合起来相得益彰，再加入具有保健功效的蜂蜜，对哮喘和肠炎有一定的辅助治疗作用。

# 花·生·奶·茶

Peanut Milk Tea

**材料**

花生粉……………8克

奶精粉……………8克

热开水………400毫升

蜂蜜…………30毫升

红茶包……………2个

**做法**

1.将蜂蜜、花生粉、奶精粉倒入锅中，加热开水以大火煮至溶解。

2.放入红茶包，以小火煮1～2分钟，熄火后取出茶包。

3.倒入壶中，出品搭配杯、碟。

## 奶茶物语

花生的诱人浓香，蜂蜜的甜甜滋味，加上奶精粉的浓郁奶香，既然不能拒绝它的诱惑，那就在浓浓的花生香中尽情享受吧！

# 柠·檬·草·奶·茶

Lemon Grass Milk Tea

## 奶茶物语

柠檬草散发出的怡人清香，融合牛奶的香气和蜂蜜的甜味，令你难以抑制内心的喜悦和畅爽。这一款有利于减脂塑身的奶茶，是想要更美身材人士的首选哦。

**材料**

蜂蜜…………30毫升

柠檬利口酒…10毫升

奶精粉…………16克

柠檬草………… 4克

热开水…… 400毫升

**做法**

1.将蜂蜜、柠檬利口酒、奶精粉倒入锅中，加热开水以大火煮至溶解。

2.放入柠檬草，以小火煮1~2分钟。

3.倒入杯中。

# 菊·花·奶·茶

Chrysanthemum Milk Tea

## 奶茶物语

是谁写下『采菊东篱下，悠然见南山』的悠然惬意？品茶就是需要心境。菊花茶清肝明目，消暑除烦，对风热感冒、目赤、肿痛、高血压都有一定疗效。

**材料**

热开水……400毫升

蜂蜜……… 30毫升

奶精粉……… 16克

菊花……………8克

**做法**

1.将蜂蜜、奶精粉倒入锅中，加热开水以大火煮至溶解。

2.放入菊花，浸泡1~2分钟。

3.倒入杯中。

# 玫·瑰·花·蜜·奶·茶

Rose Milk Tea

**材料**

蜂蜜……… 30毫升
奶精粉……… 16克
玫瑰花…………8克
玫瑰香蜜… 10毫升
热开水……400毫升

**做法**

1.将蜂蜜、奶精粉、玫瑰香蜜倒入锅中，加热开水以大火煮至溶解。
2.放入玫瑰花，以小火煮1～2分钟。
3.倒入杯中。

## 奶茶物语

一花一世界，一茶即春天。玫瑰花与蜂蜜混合，在飘逸的玫瑰香气中，慢品浅尝，尘世的杂乱悄悄后退，幸福的帷幔徐徐拉开，这个世界只剩下你和那浓郁的乳香。

# 人·参·花·奶·茶

Panax Flower Milk Tea

## 奶茶物语

人参三年才开一次花，每棵只能开一朵花，珍贵无比。人参花味甘微苦，可清热消炎、平肝清火、解毒利咽、降血压等。人参花奶茶也是一种招待贵宾的高档茶。

**材料**

热开水……400毫升

蜂蜜……… 40毫升

奶精粉……… 16克

人参花…………8克

**做法**

1.将蜂蜜、奶精粉倒入锅中，加热开水以大火煮至溶解。

2.放入人参花，以小火煮1～2分钟。

3.倒入壶中，出品搭配杯、碟。

# 茉·莉·花·奶·茶

Jasmine Milk Tea

## 奶茶物语

素洁、浓郁、清芬、久远……都是对茉莉花的赞美之词。茉莉花茶除了有美容减肥、舒缓神经、调节荷尔蒙分泌的作用，还具有润肠通便、治疗便秘的作用。

**材料**

热开水……400毫升

蜂蜜……… 30毫升

奶精粉……… 16克

茉莉花…………8克

**做法**

1.锅中倒入热开水、蜂蜜、奶精粉，以大火煮至溶解。

2.放入茉莉花，浸泡1~2分钟即可出品。

# 极·品·奶·茶
Excellent Milk Tea

**材料**

热开水…………… 300毫升
红茶包（或绿茶包）… 2包
奶精粉…………………30克
蜂蜜…………………20毫升
白糖……………………适量
珍珠粉圆………………适量
冰块……………………适量

**做法**

1. 将奶精粉倒入雪克壶中，加入开水冲泡，搅拌均匀。
2. 再将红茶包（或绿茶包）、蜂蜜、白糖加入雪克壶中，搅拌均匀。
3. 最后加入烧制好的珍珠粉圆和冰块，即可调成一杯完美的极品奶茶。

## 奶茶物语

最简单的也是最经典的，它是经典中的极品。与轻爽为伴，携浪漫徜徉，闲暇时刻来一杯，舒缓情绪，美味又健康。

# 极·品·红·茶

## Excellent Black Tea

### 奶茶物语

红茶可以帮助胃肠消化、促进食欲，可利尿、消除水肿，并强壮心肌功能。每天多喝一杯红茶，就与健康更近一步。

**材料**

热开水………400毫升

红茶………………6克

茉莉花……………2克

薄荷 …………… 3克

蜂蜜………… 20毫升

盐…………………1克

维C……………… 3颗

**做法**

1.杯中放红茶适量，加茉莉花、薄荷冲第一道水，将水倒掉。

2.再加热开水，放至温热时加蜂蜜，放入维C和盐。

3.放凉以后，加入冰块即可饮用。

# 阿·萨·姆·茶

## Assam Tea

### 奶茶物语

产于印度东北阿萨姆喜马拉雅山麓的阿萨姆红茶，粗鲁、固执，但又充满了温柔。清晨，喝上一杯口感厚重、口味独特的阿萨姆红茶，美好的一天就这样开始了。

**材料**

阿萨姆红茶叶………10克

热开水………… 400毫升

植脂沫………………90克

果糖糖浆……………50克

冰块…………………适量

**做法**

1.茶叶加水入锅，焖煮5分钟。

2.去茶叶，放入植脂沫、果糖糖浆继续焖煮3分钟后关闭电源。

3.关闭电源以后继续焖煮5分钟。

4.倒入壶中放凉，出品搭配杯、碟，加入冰块即可。

# 麦·香·红·茶

Wheat Black tea

## 奶茶物语

麦香红茶既营养丰富又口味独特，是你早餐的最好选择。清晨，当你被麦片的香气叫醒的时候，你会知道，充满活力的一天开始了！

**材料**

麦片……………8克
奶精………… 16克
蜂蜜……… 30毫升
红茶包…………2个
热开水……400毫升
柠檬……………2片
冰块………… 适量

**做法**

1.将热开水倒入锅中。
2.加入麦片、奶精和蜂蜜，以大火煮至充分溶解，放入红茶包，转小火煮两分钟后熄火，取出茶包。
3.最后倒入壶中，放凉，出品搭配杯、碟，再加入冰块和柠檬片即可。

# 柳·橙·绿·茶

Orange Green Tea

**材料**

柳橙……………………2个
绿茶包………………2包
蜂蜜…………………适量
柳橙果酱………适量
水……………400毫升
柳橙……………………1块
冰块……………………适量

**做法**

1.柳橙榨汁备用。
2.蜂蜜、柳橙果酱加水，放入绿茶包连续煮至溶解。
3.最后放入柳橙汁搅拌均匀，煮3分钟，装杯，放凉后加入冰块，装饰柳橙片即可。

## 奶茶物语

酸中带甜，甜中透酸，酸中又有香，它们是那么投入地与水纠缠在一起，毫无保留地完全释放。每一次有水加入的时候都会尽情绽放，把所有的鲜活都溶在水中，带着无数甜蜜的幻想。

# 梅·子·红·茶

## Greengage Black Tea

**奶茶物语**

夏日消暑的佳品。酸酸甜甜中透着沁人心脾的清香，梅子与茶、奶的经典结合，缔造了传世的绝佳风味。

**材料**

红茶茶包 ········· 1包
梅子 ············ 500克
砂糖 ············1000克
冰糖 ················适量
乌梅酒 ·········10毫升
冰块··············· 适量

**做法**

1.将梅子与砂糖盐渍备用。
2.将糖盐渍过的梅子与原汁加水煮至沸腾，加入冰糖搅拌均匀。
3.加入10毫升的乌梅酒。放入红茶茶包，将茶味释出。
4.放凉后放入冰箱冰镇，喝时装杯、加冰块即可。

# 蜂·蜜·茉·香·绿·茶

## Honey and Jasmine Green Tea

**奶茶物语**

喝起来给人一种冰爽的快感，解渴不亚于冰冻的酸梅汤，而冰爽之中潜藏的茶香更是能紧紧抓住你的味蕾。

**材料**

热开水⋯⋯⋯400毫升

蜂蜜⋯⋯⋯⋯30毫升

茉香绿茶⋯⋯⋯⋯2包

糖水⋯⋯⋯⋯⋯适量

**做法**

1.首先将茉香绿茶用热开水冲泡，然后放入糖水搅拌均匀。

2.待放至35℃左右时加蜂蜜搅拌均匀即可饮用。也可放入冰箱冰镇后饮用。

# 柠·檬·红·茶

Lemon Black Tea

## 奶茶物语

柠檬红茶具备了柠檬的青酸与红茶的醇厚，口味独特出众。这款独特的柠檬红茶不仅带给您愉悦的心情，还能带走您身上多余的脂肪，给您意想不到的美白效果。

**材料**

红茶包……………1个

冰糖…………… 30克

柠檬片……………4片

热开水………400毫升

**做法**

1.在杯中放入红茶包和冰糖，用沸水冲入红茶包，并浸泡3分钟。

2.取红茶汁400毫升。

3.将茶汁分盛两杯，各放入柠檬1片，并装饰柠檬片，搅匀即可。

# 芝·麻·奶·茶

Sesame Milk Tea

**材料**

黑芝麻粉 …… 1大匙

鲜奶 ……… 250毫升

糖………………1大匙

**做法**

1.将鲜奶以微波炉加热2分钟。

2.加入黑芝麻粉及糖，搅拌均匀，装杯即可。

### 奶茶物语

黑芝麻加牛奶饮用，滋养效果加倍，不但能帮助脑细胞发育、保护视力、丰胸、促进骨架生长，还能消除便秘之苦，是一款四季皆宜的健康饮品。

# 翡·翠·奶·茶

Jadeite Milk Tea

**材料**

绿茶水 ……… 200毫升

薄荷酒 …………30毫升

蜂蜜…………… 15毫升

牛奶……………… 适量

冰块……………… 适量

**做法**

1.将冰块倒入雪克壶中，至八分满，加入牛奶。

2.把薄荷酒、蜂蜜、绿茶水一同加入雪克壶。

3.用力摇匀倒入杯中即可。

### 奶茶物语

清爽的薄荷味，混合着绿茶的清香，还有牛奶的爽滑，加上翡翠般的视觉美感，绝对是无法抵挡的美味诱惑。

# 薄·荷·叶·奶·茶

Mint Milk tea

## 奶茶物语

薄荷叶具有清凉的口感和醒脑提神的功效。这款奶茶有助开胃、消化，可缓和胃痛及头痛，并促进新陈代谢，让爱美、爱好清凉口味的人迷恋。

**材料**

热开水……400毫升

蜂蜜……… 30毫升

奶精粉……… 16克

干薄荷叶………8克

**做法**

1.锅中倒入热开水、蜂蜜、奶精粉，以大火煮至溶解。

2.放入干薄荷叶，浸泡1～2分钟。

3.最后倒入壶中，出品搭配杯、碟即可。

# 鲜·奶·茶

Fresh Milk Tea

**材料**

玫瑰花…6朵　热开水…200毫升

奶精……3克　冰块……… 适量

鲜奶油··10克　珍珠粉圆… 适量

**做法**

1.将玫瑰花置于茶壶内，开水冲泡。

2.冲好开水焖5分钟。

3.焖好的玫瑰花茶加入奶精和鲜奶油搅拌均匀，放凉后加入冰块和珍珠粉圆即可。

## 奶茶物语

鲜奶茶中加入玫瑰花，是一道温润养颜又好喝的茶。它还可以用于治疗经期的痉挛，更可舒缓紧张的情绪，相信每个女孩都会对它爱不释手。

# 鲜·奶·绿

Green Milk Tea

**材料**

绿茶叶…2包　鲜奶油…… 10克

奶茶粉…5克　热开水…400毫升

蜂蜜……1匙　珍珠粉圆… 适量

冰块……2匙

**做法**

1.用开水冲泡绿茶叶，浸泡15分钟，再加开水冲淡。

2.在摇杯中放入鲜奶油、奶茶粉、蜂蜜，加热水调匀。

3.调匀后加绿茶400毫升，再加入珍珠粉圆即可。

## 奶茶物语

上班累的时候，喝上一杯鲜奶绿，顿时精神倍增，新鲜爽口的味道会让你流连忘返，没有比鲜奶绿更好的下午茶了。

# 红·衣·少·女·奶·茶

## The Girl in Red Milk tea

**材料**

红茶水………200毫升

草莓汁……… 30毫升

红石榴汁…… 30毫升

奶精粉………… 16克

冰块…………… 适量

**做法**

1.将冰块倒入雪克壶至八分满，加入草莓汁、奶精粉。

2.把红茶水、红石榴汁一同加入雪克壶。

3.用力摇晃3分钟，倒入杯中即可。

### 奶茶物语

热烈奔放的红衣少女，青春的气息扑面而来。纯真、可爱、甜蜜……滋味百般，让你越喝越想喝。

# 焦·糖·鲜·奶·茶

## Caramel Milk Tea

**材料**

热开水········ 400毫升
焦糖·················15克
玫瑰花·············· 6朵
鲜奶油··············10克
珍珠粉圆···········适量

**做法**

1.将玫瑰花置于茶壶内，冲开水，焖5分钟。

3.焖好的玫瑰花茶加入焦糖、鲜奶油、珍珠粉圆搅拌均匀即可。

**奶茶物语**

焦糖色的鲜奶茶，看起来浓浓的像咖啡，喝起来却浓香顺滑，比咖啡香，比奶茶醇，味道真的好极了。

# 招·牌·双·皮·奶

Stewed Milk Beancurd

## 奶茶物语

简单自在的双皮奶让人充满了幸福感。浓浓的诱人奶香，浪漫的甜甜滋味，就在手指触摸杯身的那一刻开始。

**材料**

鲜牛奶……200毫升

蛋清………… 50克

白糖………… 适量

**做法**

1.牛奶加蛋清、白糖打匀，充分混合。

2.盛入小碗，隔水用大火蒸15分钟。

3.另煮一份奶，待凉风吹出奶皮，将奶皮挑出盖在已蒸好的奶上即可。

# 姜·撞·双·皮·奶

Ginger Stewed Milk Beancurd

## 奶茶物语

比起甜腻的纯双皮奶，姜撞双皮奶更适合女孩子。姜是温补食物，富含蛋白质、多种维生素、胡萝卜素、钙、铁、磷等，来一杯，营养又美味，何乐而不为？

**材料**

| | |
|---|---|
| 姜……… 少许 | 花生米……60克 |
| 牛奶…200毫升 | 葡萄干……40克 |
| 珍珠果… 50克 | 白糖 …… 15克 |
| 枸杞…… 50克 | |

**做法**

1.用刨蒜茸刀把姜刨碎成茸。

2.将姜茸包在纱布中用力榨出姜汁。

3.新鲜牛奶加白糖放在锅中小火煮，用温度计量测，煮到70℃时离锅。

4.离锅后马上将牛奶冲进碗里，用汤匙搅拌均匀。

5.将碗放到冰箱里，大概十几分钟，奶就凝固成双皮奶了。

6.将珍珠果、枸杞、花生米、葡萄干加入双皮奶中即成姜撞双皮奶。

# 红·豆·双·皮·奶

Jequirity Stewed Milk Beanc

## 奶茶物语

那点点红色，仿佛让你置身于岁月流转中情迷意乱。目炫于那丰富的搭配，神迷于那甜美的感受，真想和奶茶来一场惊艳的恋爱。

**材料**

| | |
|---|---|
| 牛奶……… 180毫升 | 枸杞……40克 |
| 煮熟的红小豆…15克 | 蛋清……50克 |
| 葡萄干…………40克 | 绵白糖…15克 |
| 花生米……… 50克 | |

**做法**

1.蛋清在大碗中打成蛋液。

2.牛奶倒入小碗，放入蒸锅隔水加热至微沸，取出小碗静置至牛奶变凉。

3.待小碗中牛奶表层凝结成厚实的奶皮，掀起奶皮一角，缓缓地将小碗中的奶液倒入大碗中。

4.往大碗中加入绵白糖，将大碗中的牛奶、蛋清和绵白糖搅打均匀，再将大碗中的牛奶混合液缓缓地倒回小碗中，使留在小碗底部的奶皮浮起。

5.将小碗封上保鲜膜，放入蒸锅，大火隔水蒸10分钟，再焖5分钟，取出小碗，冷却后即为双皮奶，吃时撒上煮熟的红小豆、葡萄干、花生米、枸杞即可。

## 咖啡冰沙
Coffee Sorbet

**材料**

冰咖啡…………1杯
牛奶………120毫升
冰块……………5块
方糖………… 适量

**做法**

1.往冰咖啡中缓缓注入牛奶，并搅拌均匀。
2.把方糖、冰块、牛奶、冰咖啡一起放入搅拌机中，搅拌成细沙状。
3.将搅拌好的咖啡牛奶冰沙倒入杯中，即可。

### 奶茶物语

咖啡的醇香加上牛奶的香甜柔滑，再加上冰爽的口感，相信每个热爱美食的人都会爱上她。在这里，咖啡和牛奶有了不同凡响的精致美味。

## 绿豆冰沙
Mung Bean Sorbet

### 奶茶物语

绿豆沙的美味和清凉不可抵挡，况且它还有祛暑、解毒、美肤、养颜的功效，又营养又甜蜜的滋味，口味极佳。

**材料**

蜂蜜………30毫升
绿豆……… 100克
清水…………适量
冰糖…………适量
冰块…………适量

**做法**

1.绿豆浸泡3小时后，淘洗干净，与清水一起放入锅中煮至开花，捞出绿豆皮后，继续煮至绿豆绵软。
2.将绿豆汤打细，与冰糖一起放入锅中煮至绿豆汤黏稠，期间要不停搅拌。
3.将煮好的绿豆与冰块、蜂蜜一同放入搅拌机中，待搅拌至呈细沙状，倒入杯中即可。

# 香·芋·冰·沙

Taro Sorbet

## 奶茶物语

浓浓的香芋味与牛奶香味的结合，醇香中散发着美美的甜蜜，既可口，又有美白功效，一举两得。

**材料**

冰块……………100克

鲜奶………… 70毫升

香芋果粉…………9克

特调奶精粉………3克

蜂蜜水……… 10毫升

**做法**

1.将冰块用碎冰机打成冰沙。

2.将冰沙、鲜奶、香芋果粉、奶精粉、蜂蜜水依次放入果汁机中搅拌约1分钟，倒入杯中即可。

# 草·莓·冰·沙

Strawberry Sorbet

**材料**

草莓…………… 15颗

凉开水………100毫升

冰块………… 4～5块

白砂糖………… 40克

**做法**

1.草莓去蒂，洗净，与凉开水、白砂糖一起放入搅拌机中搅打成果酱。

2.再加入冰块，将果酱和冰块搅拌成细沙。

3.将搅好的冰沙倒入杯中即可饮用。

### 奶茶物语

色彩鲜艳的草莓冰沙一看到就让人忍不住要尝一口了。草莓营养丰富，具有明目养肝的功效，是老少皆宜的健康食品。

# 柳·橙·冰·沙

## Orange Sorbet

### 奶茶物语

酸甜可口的柳橙冰沙可健胃、强化血管，还可预防心脏病、中风、伤风、感冒和瘀伤。来一杯，清凉夏日变得更有滋味。

**材料**

柳橙原汁……150毫升

果糖………… 30毫升

冰块………………3杯

**做法**

1. 将柳橙原汁、果糖与冰块放入冰沙机内，开启电源，分段搅打3次。
2. 再连续搅打成冰沙状，倒入杯中即可。

# Tips

## 冰凉夏日水果精灵

认识每种水果，可以帮您轻松选定适合自己的水果。下面让我们踏上水果的芳香之旅……

### 苹果

苹果，古称柰，又叫滔婆，酸甜可口，营养丰富，是老幼皆宜的水果之一。它的营养价值和药用价值都很高，被称为“大夫第一药”。

**功效：**治疗便秘、促进消化、滋润皮肤、清洁牙齿、降低胆固醇，苹果中的维生素C是心血管的保护神。苹果还能防癌、预防铅中毒。

### 梨

梨又称快果、玉乳等，被誉为“百果之宗”；因其鲜嫩多汁，酸甜可口，所以又有“天然矿泉水”之称。

**功效：**有清心润肺、降低血压、养阴清热的功效，还能促进食欲，帮助消化，并有利尿通便和解热作用。煮熟的梨有助于肾脏排泄尿酸和预防痛风、风湿病和关节炎。

### 猕猴桃

因猕猴桃是猕猴喜爱的一种野生水果，故名猕猴桃，又称毛桃、藤梨。因其维生素C含量在水果中名列前茅，被誉为“维C之王”。

**功效：**稳定情绪、镇静心情、降低胆固醇；促进心脏健康，帮助消化，防止便秘，快速清除并预防体内堆积的有害代谢物。

### 香蕉

欧洲人称香蕉为“快乐水果”，而且香蕉还是女孩子们钟爱的减肥佳果。香蕉又被称为“智能之果”。

**功效：**香蕉“一身都是宝”，可以预防中风和高血压，润肠通便，润肺止咳，清热解毒，还能减轻心理压力，解除忧郁。

# 招·牌·烧·仙·草

Herbal Jelly

## 奶茶物语

烧仙草具有去肝降火、美容养颜的功效，除了那淡淡的清香，那透出来的淡淡清凉也总令人心境平和。

### 材料

烧仙草液………1000毫升
水…………………1500毫升
二砂糖…………… 300克
太白粉………………30克
枸杞…………………适量

### 做法

1. 取一勺太白粉和水的混合液，倒入烧仙草液和水一起混合搅拌均匀后，以中火微煮。
2. 一边搅拌一边加入二砂糖至溶解，然后继续煮。
3. 用勺子捞出浮在水面上的泡沫。
4. 再将太白粉和水的混合液边搅拌边加入，然后熄火。
5. 取一个杯子，将煮好的烧仙草装入杯中，装饰上枸杞即可。

# 红·豆·烧·仙·草

Jequirity Herbal Jelly

**奶茶物语**

在夏天，一碗冰冰凉凉的仙草冻，是消暑的圣品；在冬天，热腾腾的烧仙草则可以让食用者感到温馨和甜蜜。

**材料**

仙草粉………50克

大红豆………10克

白糖 …………5克

**做法**

1.锅中加水烧开，把仙草粉倒入装水的碗中，并搅拌均匀；待到水开后慢慢地倒入搅拌好的仙草糊，等到锅里的仙草全烧开了，就可以倒在容器里，放凉至成型；成型后放入冰箱备用。

2.红豆洗净放在水里泡，泡好后放进沸水里煮熟了捞起，沥干水加入少许白糖搅拌均匀。

3.吃时放适量的仙草在杯里，装饰上煮好的红豆即可。

# 绿·豆·烧·仙·草

## Mung Bean Herbal Jelly

**奶茶物语**

烧仙草口感柔软、凉爽、香甜鲜嫩，不但能消暑止渴，又可美容养颜、降火护肝、清凉解毒。烧仙草与绿豆的结合，更是别有一番风味。

**材料**

仙草粉………50克

绿豆…………30克

白糖…………5克

**做法**

1.把仙草粉倒入装水的碗中，并搅拌均匀。

2.锅中加水烧开后慢慢倒入搅拌好的仙草糊，待仙草完全烧开后，放凉让它成型，成型后放入冰箱。

3.绿豆洗净放水中泡，泡好后放沸水里煮熟，捞起，沥干水，加适量白糖搅匀。

4.吃时放适量的仙草在杯里，用勺子把仙草弄成小块，铺上绿豆即可。

# 新·鲜·木·瓜·奶

Pawpaw Milk

**材料**

木瓜………………1个

牛奶………… 90毫升

蜂蜜………… 30毫升

香草冰淇淋………1球

碎冰……………100克

白砂糖 ………… 5克

**做法**

1.木瓜去籽，再将木瓜肉挖出。

2.将木瓜肉及冰淇淋、牛奶、蜂蜜、白砂糖、碎冰一起放入搅拌机。

3.以高速搅拌成浓汁，倒入杯中即可。

## 奶茶物语

木瓜可消食健胃，治疗食欲不振、关节疼痛、肢体麻木等，更是女性丰胸的上品。木瓜与牛奶的邂逅，开启的是一场浓郁芳香之旅。

# 绿豆沙牛奶

Green Bean Paste Milk

**材料**

绿豆………80克

清水… 400毫升

牛奶 …200毫升

白糖 ………1匙

**做法**

1.绿豆放锅中煮熟后捞出。

2.将煮好的绿豆加牛奶一起入果汁机搅打。

3.倒出放入白糖搅拌均匀，再加入少量牛奶，放入冰箱待凝固即可。

## 奶茶物语

绿豆汤是人人皆知的夏季极佳解渴饮品。在炎炎夏日，唇齿吮吸那一种清凉和芳香，体味简单而又甜美的劲爽，那该是怎样一种享受？

# 红豆沙牛奶

Red Bean Paste Milk

**材料**

红豆…………………80克

清水…………… 400毫升

牛奶 ……………200毫升

白糖 …………………1匙

**做法**

1.红豆加水煮熟后捞出。

2.将红豆与牛奶一起入果汁机搅打。

3.打好的红豆沙牛奶放入白糖搅拌均匀，放入冰箱待凝固即可。

## 奶茶物语

『红豆生南国，春来发几枝』。是谁将红豆赋予爱情的魔力？执手相看那点点红色，遥想思念是什么模样？

# 草·莓·奶·昔

Strawberry Milk Shake

**材料**

草莓…………… 10颗
鲜奶…………100毫升
白砂糖………… 适量
冰块………………1杯

**做法**

1.将草莓去蒂，洗净，对半剖开，与白砂糖一起放入榨汁机中高速搅拌30秒，倒出。
2.鲜奶、冰块一起放入搅拌机中搅拌均匀。
3.将调好的草莓奶昔倒入杯中即可。

## 奶茶物语

草莓营养价值高，含丰富维生素C，有帮助消化的功效。酸甜的粉红色奶昔，在这迷人的浅浅粉红中弥漫着草莓的味道，让你顿生香怜，爱不释手。

# 苹·果·奶·昔

Apple Milk Shake

## 奶茶物语

果肉的甜美在牛奶的融合下，有着独特的口感，让人眷恋。这是一款美观、可口的奶茶，它的甜蜜会引起你们的共鸣。

**材料**

苹果……………1个

鲜牛奶…… 200毫升

牛奶冰淇淋……适量

白砂糖…………适量

冰块……………适量

**做法**

1.将苹果去核切块待用。

2.将苹果块与鲜牛奶、牛奶冰淇淋、白砂糖、冰块一起放入搅拌机中搅拌3分钟。

3.把搅拌好的苹果奶昔倒入杯中即可。

# 柳·橙·奶·昔

Orange Milk Shake

### 奶茶物语

柳橙的减肥功效人尽皆知。柳橙与柠檬的成分几乎大同小异，不过它比柠檬更容易被身体吸收，是维持体内营养均衡的好水果，不同年龄的人均可食用。

**材料**

鲜牛奶… 200毫升

柳橙………… 1个

牛奶冰淇淋…适量

蜂蜜…………适量

冰块…………适量

**做法**

1.柳橙去皮切块待用。

2.将柳橙块与鲜牛奶、冰淇淋、蜂蜜、冰块一起放入搅拌机中搅拌均匀。

3.将搅拌好的奶昔倒入杯中，再用事先准备好的柳橙皮加以装饰即可。

# 玫·瑰·花·蜜·雪·泡

Rose Honey Bubbly Smoothies

## 奶茶物语

恋恋风情，玫瑰独享。花香、奶香、茶香的交替缠绵，静静润泽着你的心扉。那玫红色的花瓣，那细密的泡沫，还有那萦绕的香气，是永难忘的经典！

**材料**

| | |
|---|---|
| 玫瑰花………6克 | 鲜牛奶…60毫升 |
| 玫瑰花蜜 30毫升 | 汽水……90毫升 |
| 糖水…… 30毫升 | 碎冰…… 100克 |
| 红石榴汁7.5毫升 | 热开水…60毫升 |

**做法**

1.玫瑰花用热开水冲泡好待用。

2.将玫瑰花蜜、红石榴汁、糖水加入雪克壶中，再加入鲜牛奶、汽水和碎冰，连续搅拌至起泡为止。

3.倒入杯中，撒上事先制作好的玫瑰花点缀即成。

# 香·蕉·雪·泡

Banana Bubbly Smoothies

## 奶茶物语

『褪去你的矜持，感受我的温柔』，香蕉雪泡淡淡的黄色，似少女欲拒还迎的娇羞，让你欲罢不能。香蕉还是减肥的佳品哦。

**材料**

新鲜香蕉……… 1根

鲜牛奶…… 250毫升

糖………………适量

**做法**

1.将香蕉去皮切成小截待用。

2.将切好的香蕉放入果汁机中，加入牛奶和适量的糖一起打成泡，装杯即可。

# 花·生·雪·泡

Peanut Bubbly Smoothies

**材料**

脆皮花生…………16克
花生粉…………… 8克
糖水……………30毫升
鲜奶……………90毫升
冰淇淋………… 1中球
碎冰………………适量

**做法**

1.将花生粉、冰淇淋、鲜奶、脆皮花生、糖水、碎冰放入冰砂机。
2.开启冰砂机搅打1分钟，装入杯中，用花生皮装饰即可。

**奶茶物语**

花生不仅营养价值高，还有润肺、和胃、补脾，治燥咳、反胃、浮肿的功效。诱人的花生香味，加上鲜奶的浓郁芬芳，快来享受夏日的冰爽美味吧。

# 紫·罗·兰·雪·泡

Johnny-jump-up Bubbly Smoothies

**材料**

汽水………40毫升　紫罗兰酒…45毫升

柠檬汁……15毫升　碎冰……… 150克

**做法**

1.将紫罗兰酒倒入搅拌机中。

2.搅拌机中再加入汽水、柠檬汁和碎冰。

3.打开搅拌机开关，以高速搅拌成泡状，倒入杯中即可。

## 奶茶物语

紫罗兰浪漫的颜色，只要是女孩都会对它爱不忍舍，何况是这么美丽的紫罗兰雪泡。只有心中拥有浪漫的人才能感受浪漫，也只有感受浪漫的人才能享受浪漫。

# 翡·翠·雪·泡

Jadeite Bubbly Smoothies

**材料**

薄荷蜜……20毫升　白细砂糖…2克

汽水………90毫升　冰淇淋…1大球

琴酒………10毫升　碎冰……100克

**做法**

1.将薄荷蜜、汽水、琴酒、白细砂糖、冰淇淋、碎冰放入冰砂机中搅打30秒至起气泡。

2.装入杯中即成。

## 奶茶物语

喜欢薄荷味吗？喜欢清凉酷爽的感觉吗？那就来一杯翡翠雪泡吧，它会给你翡翠般的视觉享受。钟爱，就发生在那一刻。

# 草·莓·雪·泡
Strawberry Bubbly Smoothies

### 材料
草莓浓缩汁…30毫升
糖水…………30毫升
鲜奶…………90毫升
冰淇淋………… 1球
碎冰………… 100克

### 做法
1.将草莓浓缩汁、糖水、鲜奶、冰淇淋、碎冰放入冰砂机中，搅打30秒至起气泡。
2.再倒入杯中即可。

### 奶茶物语
浓浓的草莓和牛奶香，凉凉爽爽的口感，是每个人都会爱上的味道，那荡漾起的奶香散发着香甜和浪漫情怀。

# 朱·古·力·雪·泡

Chocolate Bubbly Smoothies

## 奶茶物语

朱古力爽滑的口感不可阻挡，让你轻松体验生活的满足感。开始寻找属于你的那一份快乐吧，就在那一刹那。

**材料**

朱古力………30克

奶精………… 3克

糖浆………… 5克

冰块…………适量

**做法**

1.将朱古力切块倒入雪克壶中。

2.取奶精和糖浆倒入雪克壶中。

3.取过滤水和冰块将雪克杯加至七分满。

4.盖上盖子，用力摇3～5分钟，倒入杯中即可饮用。

# 樱·桃·雪·泡

Cherry Bubbly Smoothies

**奶茶物语**

淡淡的粉红色雪泡，加上甜甜的冰淇淋，和一颗鲜艳的樱桃，吃上一口，回味无穷。寻找属于儿时的回忆，就在这一杯。

**材料**

红樱桃…………60克
樱桃糖浆……15毫升
鲜奶…………90毫升
冰淇淋………… 1球
碎冰………… 100克

**做法**

1.樱桃去核待用。
2.将樱桃、樱桃糖浆、鲜奶、冰淇淋和碎冰放入冰砂机中搅打30秒至起气泡。
3.倒入杯中，可再加上一颗未去核的樱桃作为点缀。

# 梅·子·可·乐
## Plum Coke

**材料**

话梅…………20克

可乐…… 350毫升

冰块…………适量

**做法**

1.将话梅去核。

2.将去核的话梅和可乐、冰块一起放入雪克壶中用力摇5分钟，放入冰箱中冰镇10分钟。

3.从冰箱里取出梅子可乐即可饮用。

**奶茶物语**

酸酸的梅子加上美味的可乐，夏天喝上一杯，既防暑降温，又可以消除疲劳、缓解压力，真是美味上品。

# 百·香·雪·碧

## Aromatic Sprite

**材料**

百香果原汁…60毫升

雪碧……… 150毫升

冰块……………适量

**做法**

1. 将百香果原汁与雪碧、冰块一起放入雪克壶中用力摇5分钟，放入冰箱中冰镇10分钟。
2. 从冰箱中取出百香雪碧倒入杯中即可饮用。

### 奶茶物语

热情的百香果代表了美丽的爱情。含有165种水果香味的百香果加上雪碧的浓烈，口感绝对值得你细细品味。

# 百·香·多·多

## Passionflower Drink

**材料**

百香果原汁……30毫升
新鲜柠檬汁……45毫升
养乐多……… 250毫升
珍珠果……………50克
蜂蜜…………… 6毫升
果糖……………10毫升
冰块………………适量
凉开水……………适量
细砂糖……………适量

**做法**

1.百香果原汁加凉开水及细砂糖、30毫升柠檬汁制成百香果汁。
2.将做好的百香果汁、15毫升柠檬汁及养乐多、蜂蜜、果糖加入雪克壶中，摇晃均匀。
3.将冰块加入雪克壶中至九分满，摇晃均匀后倒入杯中，加入珍珠果即可。

### 奶茶物语

风味浓郁的百香果汁含有丰富的维生素A、维生素B及维生素C，是一种营养成分极高的水果。百香多多，果肉多多，汁液多多，健康营养多多。

# 葡·萄·多·多
Grape Drink

**材料**

养乐多…… 250毫升

新鲜葡萄汁…50毫升

珍珠果…………50克

蜂蜜………… 8毫升

果糖…………10毫升

冰块……………适量

**做法**

1. 在雪克壶中加入养乐多及葡萄汁、蜂蜜、果糖，摇晃均匀。
2. 接着将冰块加入雪克壶中约至九分满，摇晃均匀后倒入杯中，加入珍珠果即可。

**奶茶物语**

柠檬多多具有除脂、瘦小腹的功效，喝一杯，健康又营养，美丽又清凉。想要瘦身美容的人不妨试试！

# 芒·果·多·多

Mango Drink

**材料**

养乐多…250毫升　蜂蜜……10毫升
芒果汁… 50毫升　果糖……15毫升
珍珠果…… 50克　冰块………适量

**做法**

1.将养乐多及芒果汁、蜂蜜、果糖加入雪克壶中，摇晃均匀。
2.将冰块加入雪克壶中约至九分满，摇晃均匀后倒入杯中，加入珍珠果即可。

## 奶茶物语

又一款瘦身又美味的健康饮料新鲜呈现，集芒果的美味与养乐多的芬芳于一身，不喝是你的损失，赶快来试试吧！

# 多·多·绿·茶

Green Tea

**材料**

绿茶粉…2小匙　养乐多…100毫升
柠檬………1颗　蜂蜜……… 适量
冰块…… 适量

**做法**

1.柠檬去皮，切片榨汁。
2.将养乐多、绿茶粉和柠檬汁倒入雪克壶，再加冰块至八分满，摇晃均匀。
3.依个人喜好甜度加入蜂蜜，务必立即饮用。

## 奶茶物语

养乐多的酸甜顺滑加上绿茶的清香，形成了一种美味又健康的饮品，爱美食又爱美的你，绝对不容错过！

# 附录 APPENDIX 奶茶物语，浪漫香郁
## Milk Tea Language

## 一、当星座恋上奶茶 Constellation and Milk Tea

每个星座都有它独特的秘密，也有它专属的奶茶feel，你的呢？

### 水瓶座——向往自由

（1月20日～2月18日）

独立执著、喜欢创新的水瓶座有着打破陈规的欲望，爱问为什么，追求独一无二的自我生活方式，也喜欢丰富自己的思想境界，到旅行中去开阔自己的视野。

奶茶物语——释放自己

奶茶角色——旅伴

奶茶时间——外出

奶茶习惯——独自享用

奶茶联想——吹吹风的自在

绝配口味——椰香口味

### 双鱼座——罗曼蒂克

（2月19日～3月20日）

温柔、天真、善良又富有同情心，热爱幻想、坦诚而迷人的双鱼座有着诗人的气质，具有强烈的艺术展现力。

奶茶物语——身心迷醉

奶茶角色——甜蜜恋人

奶茶时间——遐想时分

奶茶习惯——细细回味

奶茶联想——初恋的感觉

绝配口味——麦香口味

### 白羊座——紧张大师

（3月21日～4月19日）

热爱自由，不喜欢受到外界压力的影响的白羊座，上进、慷慨、活泼，勇于尝试，精力旺盛，一旦确定目标就会全力以赴。但天生的坏脾气是要改改了，生活中没有必要时刻剑拔弩张，嘴角的一抹微笑可以化解你的紧张。

奶茶物语——随心所欲

奶茶角色——志同道合的同伴

奶茶时间——逛街

奶茶习惯——一饮而尽

奶茶联想——瀑布般畅快

绝配口味——椰香口味

### 金牛座——刻苦耐劳

（4月20日～5月20日）

温和坚实、友善诚恳、沉着稳重的金牛座，有耐性及责任感，追求永恒，值得信赖，是天生的美食家。颇具商业头脑和牢靠的价值观，同时具有高度的艺术品位与鉴赏能力。

奶茶物语——自我满足

奶茶角色——亲切的好友

奶茶时间——和朋友一起

奶茶习惯——专注每一口

奶茶联想——心满意足

绝配口味——椰香口味

## 双子座——天生赢家

（5月21日～6月21日）

天生好奇又富有想象力的双子座，机智、敏锐、果断而又敢于担当，喜欢忙碌和变化，是个超级完美主义者，对时尚有着敏锐的感受力，也是写作和语言方面的天才。

奶茶物语——内心独白

奶茶角色——贴心知己

奶茶时间——想喝的时候

奶茶习惯——喝喝停停

奶茶联想——好过瘾

绝配口味——可可口味

## 巨蟹座——温柔婉约

（6月22日～7月22日）

敏感多情、亲和谦恭的巨蟹座，感情丰富，非常保守传统和富有爱心，忠于爱情，常常生活在过去，喜欢家庭的温暖与安定。

奶茶物语——心灵慰藉

奶茶角色——倾听你的友人

奶茶时间——家中小憩

奶茶习惯——小口小口

奶茶联想——往日回忆

绝配口味——麦香口味

## 狮子座——领袖魅力

（7月23日～8月22日）

热心慷慨、乐观进取、善良正直的狮子座有着不可抵挡的领袖魅力，喜欢标新立异，唯我独尊，是一个领导者，是众所注目的焦点。

奶茶物语——出众标榜

奶茶角色——个性伙伴

奶茶时间——随时随地

奶茶习惯——一帮伙伴一起喝

奶茶联想——暖融融的阳光

绝配口味——可可口味

## 处女座——魔力塑身

（8月23日～9月22日）

善良仁慈、博爱宽厚、无私奉献和一丝不苟、追求完美的处女座，喜欢整洁、干净，头脑清晰，注重细节，是个标准的完美主义者。

奶茶物语——最爱

奶茶角色——完美化身

奶茶时间——随心漫步

奶茶习惯——慢饮细品

奶茶联想——完美的享受

绝配口味——可可口味

## 天秤座——青春活力

（9月23日～10月23日）

平易近人、诚实温和、稳健理智的天秤座，高雅、好客、擅长交际，总是在营造和谐而愉快的生活环境。

奶茶物语——愉悦灵魂

奶茶角色——优雅的同伴

奶茶时间——欢聚时光

奶茶习惯——从容品味

奶茶联想——含蓄的浅笑

绝配口味——可可口味

## 天蝎座——神秘达人

（10月24日～11月22日）

个性强烈冲动、神秘聪明、有着足够的精力和胆识，又超级性感的天蝎座，意志坚定，感情细腻，具有丰富的想象力，有时也会嫉妒。

奶茶物语——放飞思绪

奶茶角色——我的影子

奶茶时间——看心情而定

奶茶习惯——不知不觉喝光光

奶茶联想——来电的感觉

绝配口味——麦香口味

## 射手座——乐天知命

（11月23日～12月21日）

乐观、自信、坦率又幽默感十足的射手座，自尊心强，渴望自由和无拘无束的生活，喜欢探索未知领域。射手座的人相信生命是由一连串的挑战组合而成。

奶茶物语——取悦自己

奶茶角色——激励者

奶茶时间——有必要喝的时候

奶茶习惯——猛吸一大口

奶茶联想——胸有成竹

绝配口味——椰香口味

## 魔羯座——悠闲浪漫

（12月22日～1月19日）

思绪周密、坚强理智、绝不松懈的魔羯座，保守、谨慎、勤勉而踏实，重视思考的价值，外表冷漠，内心火热，通常是最后的胜利者。

奶茶物语——无扰境界

奶茶角色——良师益友

奶茶时间——思考中

奶茶习惯——边喝边出神

奶茶联想——静谧的月光

绝配口味——麦香口味

## 二 不同的奶茶代表不同的气质

Different Milk Tea Reflects Different Temperance

想知道自己的气质属于哪种奶茶吗？不妨对照一下哦。

### 原味奶茶——自然清新

如小家碧玉般的清纯简单，她的笑脸如同清澈的泉水，原味奶茶的自然清新扑面而来。

### 麦香奶茶——优雅斯文

举手投足之间，优雅风姿和女人味展露无遗，一如麦香奶茶，浓浓的麦香中荡漾着缕缕温雅。

### 咖啡奶茶——成熟知性

有品位、有内涵，说话和做事都是一样的从容淡定，把咖啡的香浓融入到奶茶的清醒中。

### 巧克力奶茶——热辣俏皮

奔放迷人，有着永远释放不完的能量与活力，用热情感染着所有的人，带有巧克力的微微刺激，是能量的补充。

### 草莓奶茶——活泼可爱

青春靓丽、爱幻想，烂漫的少女情怀像阳光下闪着露珠的草莓，孩子气地美丽着。

## 三 奶香茶语，与奶茶谈一场恋爱吧

Fall in Love with Milk Tea

谈一场恋爱，犹如品一杯香郁的奶茶，想知道你在爱人的眼中是怎样的吗？赶快跟下面几种奶茶对照一下吧！

### 玫瑰奶茶爱情观

你对谈恋爱是非常认真且专情的，如玫瑰般的热情，绝对让人刻骨铭心，因为你满脑子的想法和对爱情的执著，会让对方为之倾倒！

### 茉莉奶茶爱情观

你最迷人的地方，是对恋爱永远保有一颗初恋的心，永远怀揣着对于爱情的浪漫幻想。就像散发着淡淡花香的茉莉奶茶一样，喝上一口就会着迷。也正因为对爱情的这种态度，让你的恋人也觉得自己拥有了一段纯真美好的恋情。

### 伯爵奶茶爱情观

你的爱情在你生活里就像伯爵奶茶那样，香味浓淡恰到好处。你很懂得自己要什么，很清楚自己适合什么样的恋爱方式，适合跟什么样的人交往，甚至分手也会选在最适合的时期。当你面对爱情问题时，总是能勇敢面对。

### 巧克力奶茶爱情观

爱情对你来说就像巧克力，浓浓甜甜的香味让人难以抵挡。属于爱情高手的你，不仅现在的情人会对你服服贴贴，就连已分手的恋人也会常常想着你的好！

**图书在版编目(CIP)数据**

非常好喝 / 可可编著. --成都：成都时代出版社，2011.1

ISBN 978-7-5464-0331-1

Ⅰ. ①非… Ⅱ. ①可… Ⅲ. ①饮料—制作 Ⅳ. ①TS27

中国版本图书馆CIP数据核字(2011)第005320号

# 非常好喝

FEICHANG HAOHE

**可可 编著**

| | |
|---|---|
| 出品人 | 段后雷 |
| 责任编辑 | 周 慧 |
| 责任校对 | 傅代彬 |
| 装帧设计 | 中映·良品 （0755）26740758 |
| 责任印制 | 莫晓涛 |
| 出版发行 | 成都传媒集团·成都时代出版社 |
| 电话 | (028) 86619530 (编辑部) |
| | (028) 86615250 (发行部) |
| 网址 | www.chengdusd.com |
| 印刷 | 深圳市福圣印刷有限公司 |
| 规格 | 787mm×1092mm 1/16 |
| 印张 | 6 |
| 字数 | 120千 |
| 版次 | 2011年1月第1版 |
| 印次 | 2019年2月第6次印刷 |
| 印数 | 1-15000 |
| 书号 | ISBN 978-7-5464-0331-1 |
| 定价 | 26.00元 |